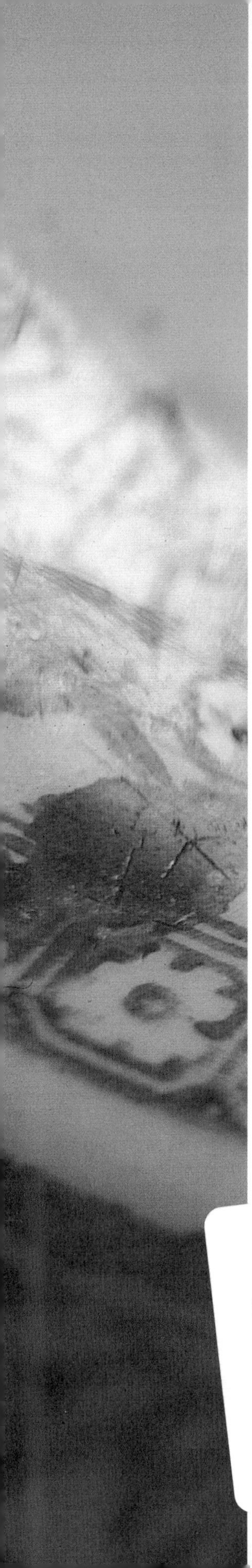

目次

關於封面
本期的封面是米澤亞衣從義大利買回來的、非常好看的橢圓形器皿。
在上一期《日日》的「義大利日日甜點」裡，用這個盤子來盛裝點心。
日置先生拍下了盤緣花紋的特寫。
本期的特集主題是「平常使用的器皿」。
想了好幾個樣式，也拍了好多種照片，最後決定用這個。

特集 家常器皿

1

公文美和（攝影師）
收了六個
法國PICHON製餐盤。
用餐、吃點心都少不了它。

2

久保百合子（造型師）
阿左美尚彥的盤子。
常拿來吃炒麵或咖哩飯等
一整盤盛在一起的餐點。

3

高橋良枝（編輯）
內田鋼一的淺盤。
盛起菜來很漂亮，
是常拿來擺燉菜的器皿。

4

飛田和緒（料理家）
「IN MY BASKET」獨家企劃餐盤。
這盤子常用在把配菜和飯盛在一起
的用餐時刻。

《日日》的工作夥伴都愛美食，也都喜歡餐具器皿。雖然大家的工作各是料理家、攝影師、造型師跟編輯，不過唯一的共通處，大概是常與料理、食物扯上關係吧！

在這集，我們打算介紹4個人平日用的器皿與早餐。

我們的家庭型態從獨居、小倆口、家中有小朋友、到多世代家族都有，喜好也不太一樣，究竟大家平日常用的器皿是哪些呢？

構成・文—高橋良枝　攝影—公文美和、日置武晴（p14）　翻譯—蘇文淑

《日日》夥伴興高采烈的談論器皿

家常器皿

我們這群人並不是器皿專家，
只不過因為喜歡，談起器皿也特別帶勁。
談的內容天南地北，
因為立場不同，在乎的面向也不一樣，
很有趣呢！

公文　我覺得喜歡的餐具類型，好像也會隨著搬家改變。

高橋　說到這，妳幾年前剛搬過一次家嘛！飛田小姐也搬了家，妳覺得呢？

飛田　的確好像會這樣耶！有些之前很喜歡的器皿，在搬家之後卻完全不想拿出來用。雖然器皿擺著欣賞也覺得不錯，可是就提不起勁拿出來盛裝、放在餐桌上。

久保　說起來餐具也有所謂的流行，有時也會受到年紀跟經濟狀況的影響。我年輕時就買過流行一時的「APILCO」。

公文　對對，我也記得那種餐廳用的白餐具。

高橋　幾十年前我剛結婚時，那時候市面上沒有什麼好看的餐具，手工作品全都是國寶級的，根本買不起呢！那時白山陶器的白色長形裝魚用盤子，很適合年輕家庭使用。

公文　我媽也收集了一些白山陶器的餐具，我來東京時，她給我的蛋架我現在還留著。

飛田　現在我買餐具時，可能會零買2、3件或只買一件。但剛結婚那時候，什麼東西都要湊成一套5件。

高橋　我以前買小碟、小鉢什麼的也是都湊成5

前為橫山拓也的茶碗。
盛放點心的則是赤木明登的
赤天寬碗跟藤塚光男的小碟。

其實餐具的種類不用雜，
只要有幾個能變化用法、
自己又喜歡的器皿就行了。

——公文美和

個一組。不過現在選項多了，大家因為工作的關係也常接觸器皿，所以眼光也比較挑了。接下來，不如請大家各自介紹一下最近喜歡的器皿吧？

公文

我這個PICHON是在渡邊有子小姐家拍攝料理時看見的。一見鍾情，立刻去買了6件。我買的是帶點奶油色的白色，很漂亮。直徑大概有30公分，擺什麼菜都很合適。不管是義大利麵、或是飯菜魚肉全擺成一盤都沒問題。有朋友來時，可以拿來放起司、或當成個人的取菜盤。一個盤子就解決了。甚至連點心也可以用這個裝。一樣的盤子在堆疊時很方便。我也不喜歡桌上擺一大堆器皿。用大盤子搭配大餐具，很有趣呢。

飛田

我家最近也常把飯菜統統放在一個盤子裡吃飯。我女兒喜歡把菜一樣樣從大盤子裡挾到自己碗裡，說是挾菜，根本就是在玩。有時間的話，陪她玩當然沒關係，但一忙起來，所有的菜乾脆統統挾進IN MY BASKET那個自製的大餐盤裡（請見第3頁照片），可以很爽快地吃飯。

久保

我這陣子迷上了黑色器皿，這也算是某種時期的私人迷戀吧？我覺得自己好像比較在乎質感跟色澤。不曉得這麼比喻會不會很奇怪，我喜歡的是有點像炭筆大力畫出來的餐具。感覺高橋小姐會喜歡的，是用2H鉛筆畫出來的樣子。

高橋

久保小姐喜歡的器皿一定是有溫潤感的設計。我也喜歡纖細的器皿，不過日用品還是以耐用的為主。我不太喜歡平常使用起來必須小心翼翼的器皿，主要以瓷器或半瓷器（炻器）為主，至於硬度上比較弱的，我能避免則避免。因為像我女兒不曉得什麼作品是誰的創作，家裡用的，最好是她也能輕鬆使用的器皿。

大村剛先生的作品
拿來喝焙茶也很有趣。
搭配和三盆糖的甜點。

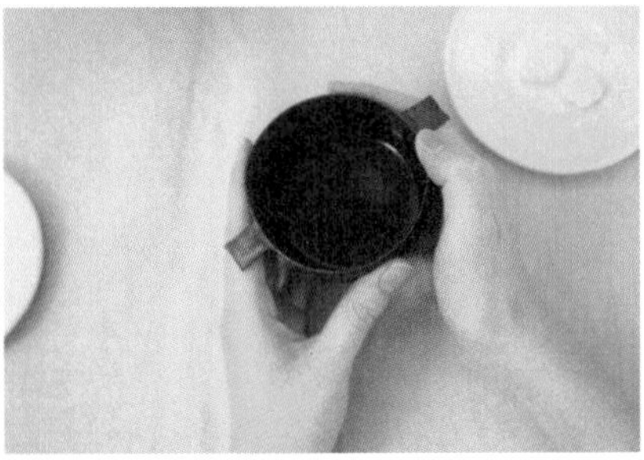

餐具的用法
也許也會隨著女兒的成長而改變。
現在我們統統放成一盤。

——飛田和緒

飛田　我挑器皿時倒不會考慮到這些。想用的話，我就會買回家。結果有些就愈來愈少用了。

久保　我喜歡的是連裝上很糟的料理，看起來也能頓生光華的那種。質感豪邁，形體上像是把料理輕輕包起來一樣。擺盤時只要把菜擺得立體一點，看起來就很可口。這幾個長谷川奈津跟今野安健的黑器皿，我覺得就很適合跟我的菜搭配。

高橋　久保小姐家裡有兩個人，通常一次會買兩件嗎？

久保　有時會買2件一模一樣的，不過有時也只買一件。只要大小差不多，不同的器皿也能搭配。像是這件長谷川奈津跟我在沖繩買的盤子，雖然一個黑、一個花，看起來好像南轅北轍，不過這2件卻很相配。

高橋　不同場合、時間買的也沒關係嗎？

久保　當然沒關係。這樣的話，單獨用也好、兩件拿來裝兩個人的蓋飯之類也沒問題，看起來也像是一組的。所以我最近開始覺得其實不用買整套，只要慢慢收集質感相似的東西就好了。

公文　我現在一個人住，所以基本上，看到喜歡的只要買我自己的就行了。可是這組赤木明登的套碗，我買了黑、紅各一組。這是我幫高橋綠小姐進行拍攝時喜歡上的。收納起來很方便。吃早餐時，只要拿一組出來就夠了。以後如果家庭成員增加，餐具可能會比現在多一點吧！

只要大小尺寸一樣，
不同創作者的作品，
2人用時也能拿來搭配成套。
——久保百合子

村上躍用手捏塑成形的茶碗。
內側澆灌釉藥，
外圍則保持石頭般的質地。

高橋　那萬分期待唷（笑）。

公文　只是不曉得什麼時候吶（笑）。

飛田　以前我也喜歡大碗盤，不過最近幾乎不用了，最近喜歡把菜一點一點地分裝到小碟子裡。

高橋　我們常跟兒子一家一起用餐，他家有個小學生。吃飯時，我們會把幾種菜一起擺在內田鋼一的淺鉢（第3頁照片）或三谷龍二的大盤、大碗裡。分菜時，也拿三谷龍二的18公分黑漆盤來裝。這種木頭餐具，連小朋友用我們也很放心。以前沒有這種木頭餐具，可是這種餐具跟日本料理、西方料理或中華料理都很好搭配，非常方便。

久保 我也常用三谷先生的黑盤子耶，炒完菜後先擺到黑盤裡，大家再各自挾進自己的ARABIA小盤中（見第11頁）。這兩個很相襯。

大家七嘴八舌的談天，就在一邊喝茶一邊離題時度過愉快的時光。

日常用的餐具最好還是耐用方便的瓷器或半瓷器。

——高橋良枝

高橋 大家好像幾乎都用日式器皿耶，除了公文小姐的PICHON以外。

飛田 我雖然沒有西式器皿，不過現在住處搞不好也很適合線條俐落一點、純白色的西洋器皿。

久保 我好像也都用日式器皿。

公文 我家的櫥櫃空間不多，加上我不太常煮飯，所以餐具數量跟種類都得控制好。

高橋 我人生的經歷長、家族歷史也長，所以餐具種類跟數量都很多，不過其實常用的就只有那幾個而已。以前會把菜裝成一小碟一小碟，但不曉得什麼時候開始，已經統統用大盤子了。就算只是2人一起吃飯也一樣，先裝在大盤，再挾進自己的小盤裡。只是盤子一大，不小心就會煮太多，這倒是個問題。

飛田 所以年紀跟家庭成員的變化，也會逐漸影響個人的飲食跟器皿使用習慣呢！我在20年前左右開始喜歡上日式器皿後，一路狂買，現在比較沉得住氣一點，但今天跟大家這麼一聊，又看了大夥的餐具，我看我也想找點適合現在住處的東西了。

東西整齊地擺在三段式的櫥櫃裡。精挑細選過的餐具並不多，
但也因此可以擺得如此清爽，簡直像展示品一樣賞心悅目了。

公文美和（攝影師）→獨居

**數量雖然不多，
但喜歡的餐具也因此時常使用，
這樣感覺很好。**

　公文小姐獨自一個人住在南青山住宅區的某幢公寓裡。原本這裡是造型師高橋綠小姐的租處，高橋搬走後，公文來接手，如今已經住了5年了。公寓本身雖然不新，但公文以她獨特的品味在這裡生活著。

　器皿跟餐櫥櫃果然都只有能通過她鑑賞品味的，才會被留下來。東西說不上多，但少少幾樣喜歡的物件，巧妙地善加運用，這正是公文獨特的作法。

　上圖那造型獨樹一格的餐櫥櫃，就是她在「中古家具行一眼看上的。外表像個圓鼓，頂端的部分可以當成小吧台。」

　這真是有公文風格的櫃子啊！

平凡的片口，卻愛不釋手。和右邊那個盤子一樣，燉物、醃菜、義大利麵等都會用這個來裝。好想再去一次唐津。175mm。

購自唐津商店街。創作者竹內由起子不知是唐津燒的第幾代傳人。左邊是同一人作品，在同一時間買進。放義大利麵或水果等任何東西都很合適。直徑270mm。

在京都「惠文社」看到時很喜歡，就買了小尺寸的。二子玉川的「KOHORO」舉行個展時，總共買了5個，是山本亮平的作品。直徑160mm。

我很喜歡這個安藤雅信的盤子，幾乎天天使用。不管日式、西式、任何料理都好，擺在這盤子上看起來就是美味。也很耐用。直徑280mm。

右邊是赤木明登的套碗中，尺寸中等的木碗。左邊則是朋友從古董市場買來送我的禮物。藍染圖案，外型小巧可愛。

在「小青蛙」松本朱希子的個展上買的（現場亦販售我很喜歡的好吃果醬跟蜂蜜蛋糕）。碟子出自小青蛙之手，圖案也是她親手所繪。直徑85mm。

我拿它當馬克杯，喝咖啡歐蕾或奶茶等份量較多的飲品時使用。這是去法國旅行時，在Astier de Villatte買的。

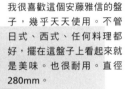

黑田泰藏的作品。我每天用這杯子喝茶、喝咖啡、喝礦泉水。感覺用它來喝，味道更純粹了。

大小差不多的就疊在一起。從她把層板設計得較低的做法，
也看得出她很愛護餐具，以免疊太多。

久保百合子（造型師）→2人

因為拍照時也會使用，結果器皿愈來愈多，快擺不下了。

久保小姐結婚才3年多，不過之前她跟獨自來外地工作的父親一起住，因此有5、6年的時間都是跟別人同住。加上她的工作正是造型師，少不了要收集許多器皿，因此收納似乎成了苦差事。

「總之要有很大的收納空間，因此之前跟大阪的TRUCK訂做了這餐櫥櫃。那候我選擇了半透明玻璃，覺得這樣比較清爽。」

不過即使是這麼大的櫥櫃，也已經滿了。

「我盡量把東西按用途來分開擺放，比如說早餐常用的、西式餐具就盡量放在一起，這樣比較好收放。不過還是快擺不進去了。」

長谷川奈津的作品。購自駒場PARTY。這餐盤跟下面盤子的尺寸一樣，因此2人用餐時會拿來搭配使用。無論盤深、大小都很好用，非常喜歡。直徑190mm。

左邊這個淺井純介的飯碗（應該）是在桃居買的。我很喜歡淺井先生的作品，時常購買。湯碗則出自山岸厚夫之手，購自I＋STYLERS。

芬蘭ARABIA的餐盤。吃早餐時放我們常吃的三明治；吃晚餐時，又搖身一變又成了個人取菜皿。非常好用。我喜歡它大膽的圖樣。直徑180mm。

去年購自KOHORO。阿左美尚彥的作品。通常我用這個裝盛拌炒類的菜餚，也拿來裝炒麵或咖哩飯等一大盤餐點。直徑210mm。

三谷龍二的黑漆作品。出現在我家餐桌的頻率很高，可以裝2人份的炒菜或沙拉，也能裝一個人的炒麵。直徑250mm。

去年在沖繩買的，記得這應該是松田共司的作品。常跟上面的黑盤一起拿來搭配，裝盛2人份燉菜或小份量的蓋飯等。直徑190mm。

今野安健的作品。冷拌蔬菜或紅蘿蔔沙拉、涼拌豆腐等，放在這盤子上看起來特別好吃。這是我心愛的盤子，經常出現在餐桌上。購自魯山。直徑180mm。

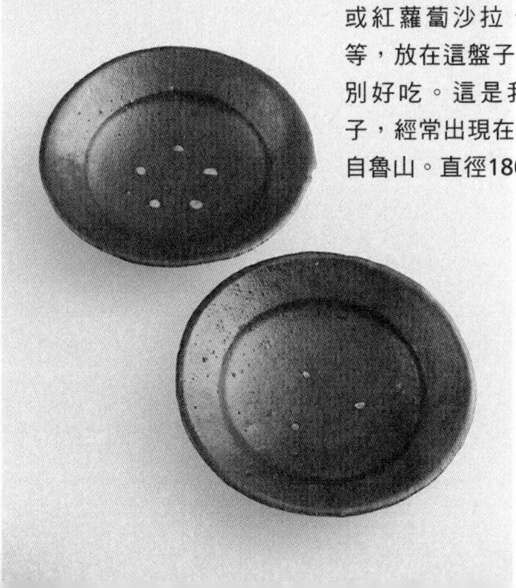

這馬克杯是我在2、3年前購自原宿Zakka。為岩田圭介的作品。通常用這個杯子喝烘焙茶或蕎麥茶等，我比較喜歡茶色比較偏褐色的茶。

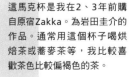

4個人的日日早餐
做起來簡單，似乎是我們的基本原則。

公文美和的早餐

赤木明登這一套大、中、小的碗，分別拿來裝白飯、味噌湯跟煎蛋。對有工作的人來說，事後收拾方不方便，是很重要的事。味噌湯裡加了豆腐跟海帶芽，白飯上放了顆梅子，雞蛋裡則加了糖跟少許鹽巴輕煎成形。

久保百合子的早餐

三谷龍二的木碗，搭配百草企劃製作的湯匙。忙起來時，就先在前一晚備好用料。通常都是吃三明治或各種湯品。湯品以許多蔬菜切成細絲、以奶油炒過後加水續煮，接著再倒入攪拌機裡攪拌後以牛奶稀釋至適當濃度。好像跟斷奶食品差不多？

飛田和緒的早餐

井山三希子的器皿。早餐通常以麵類或飯類為主。以手邊高湯簡單下個烏龍麵，盛盤後，再把剩下的湯加點切碎的細蔥與喜歡的蔬菜，以太白粉勾芡，加進打勻的雞蛋稍微煮一下。搭配自製糖醋醃漬杏桃。

高橋良枝的早餐

早餐統統擺在從Tamiser買回來的法國大型舊盤子上。通常會趁禮拜天一口氣做上一大堆薄餅跟鬆餅，冷凍起來，早上再拿出來於室溫下解凍，並且搭配用許多蔬菜做成的西式炒蛋或美式蛋捲、蔬菜、起司等。每天的菜色不太一樣。也會喝上一大杯紅茶。

廚房跟客廳都設計了固定式櫥櫃，容量上一點問題也沒有。
不過問題應該是不好使用吧？

飛田和緒（料理家）→幼兒＋夫妻2人
搬到海邊後，餐櫥櫃比以前的難用，有點問題?!

飛田小姐目前是將租屋處的固定式櫥櫃，將就著當成餐櫥櫃使用。她以前租屋處的餐櫥櫃深度較淺，拿東西時很方便，深得其心。相較之下，「現在這個深度太深了，我很難把餐具拿出來。雖然想了一些辦法來改善，但也沒什麼用。」

因此搬到現在這地方雖然已經快要迎來第三個夏天，有些東西目前還裝在搬家公司裝好的箱子裡。

「每天一打開櫥櫃心情就不好。」

飛田苦笑著說。不過她目前也沒打算要訂做一個新的或找個新櫃子。她說或許問題出在自己收集太多用不到的器皿了，表情看來有點無奈呢！

購自松本當地漆品店的湯碗與飯碗（安藤製作）。我們家沒有固定誰用什麼碗，全依我當天心情來幫家人搭配。

三谷龍二的木碗。我女兒吃拌飯——例如吻仔魚生雞蛋拌飯時，我會把所有東西盛在這個稍大的碗裡，讓她自己攪拌食用。直徑160mm。

父親的作品。他退休後跟我母親兩人享受製陶的樂趣，做過各種東西來送我，不過這實在有些兩難。這一件是其中少數我喜歡的作品。

這是我剛喜歡上日式餐具時買的，已經用了快20年了。很難得的，一整套5個盤子沒有一個受損，全都完整無缺。直徑150mm。

這些全是父親跟他朋友做給我女兒的飯碗。他們特地做了很多，讓我一點也不擔心碗被女兒摔破。從飯碗、湯碗、點心碗等一應俱全。女兒的小手捧著碗吃飯時，這樣的尺寸剛剛好。

朋友送給我當成生產賀禮的木盤跟三谷先生的木匙。我女兒脫離斷乳食品後，我就把飯菜都盛在這木盤裡。很適合小孩使用。

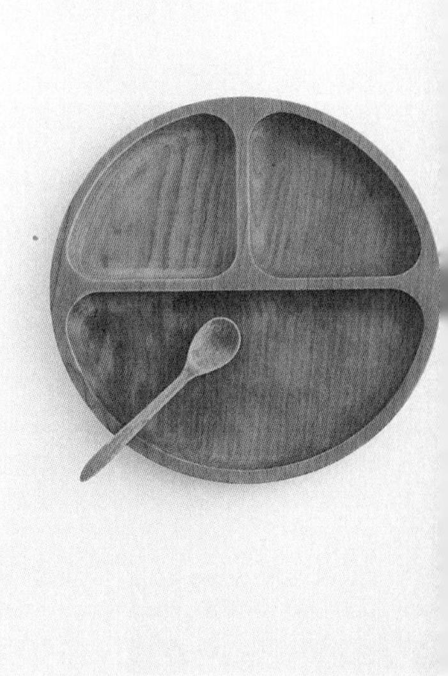

安藤雅信的作品。我買這幾個碗的時候，家裡還只有我們2人，所以不是特意買3人份。這3只碗形體微微不同，很巧逸。

各種小碟。收集了一些大尺寸餐具後，突然喜歡上了小盤，一小疊、一小疊地端上餐桌。直徑110mm。

最上層排了三排、中間兩排、底下由於放的是大碗盤，只排一排。
櫥門一關，這麼簡單的零件跟門栓，一點也看不出它是餐櫥櫃吧？

高橋良枝（編輯）↓2人+3人

家裡固定式的餐櫥擺滿後，我找到這個中國的舊櫥櫃，專擺日式器皿

平時雖然只有兩人用餐，但住在附近的兒子一家人也時常過來吃飯，因此成員算是從小學生到壯年，跨越了比較多年齡層的組合。

家族史一長，餐具自然也就多了起來。我家訂做的櫥櫃雖然滿大的，但終究還是擺滿了。我又不想把餐櫃擺在客廳裡，於是開始找看看有沒有比較不像餐櫃的款式。終於讓我在「東華風」找著了這舊式中國製的櫃子。現在專門用來擺藝術家的作品跟日式餐具。

櫥櫃高雖只有70公分，但深達45公分，可以擺的東西比想像中還多。可惜現在也已經達到極限了，所以收納時要是一沒考慮清楚，就會很難收拾了。

這只花岡隆的茶杯也曾出現在我們《日日》創刊號中。我已經用了3年，難得還保持得完好無缺。我用它來喝中國茶跟日本茶。由於會染茶垢，偶爾也會漂白一下。

飯碗是砂田政美的作品，木碗則出自福田敏雄之手。這兩種碗使用機率高，耐用絕對是必要條件。我會選擇瓷器或硬度較高的產品。

伊藤環的銀彩淺盤，購自桃居。早期的銀彩作品大約是這種質感，不管是煎煮炒炸各種料理都很適合，是很好用的器皿。直徑270mm。

高仲健一的這些盤子被當成分菜用的小碟。這一套還有質感相仿的寬碗，有時也會搭配使用。形體、釉藥都有點變化，很有趣。直徑180mm。

三谷龍二的白漆、黑漆醬汁杯。除了當成醬汁杯，也可以拿來裝紅豆麻糬湯等甜湯。木頭輕又不燙手，非常好用。

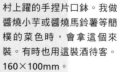

青木良太的淺盤。線條清爽俐落，卻非常能襯托菜餚，連龍田炸雞塊這種不起眼的菜，擺上去也看起來很美味。235×70mm。

村上躍的手捏片口鉢。我做醬燒小芋或醬燒馬鈴薯等簡樸的菜色時，會拿這個來裝。有時也用這裝酒待客。160×100mm。

這個羽生野亞的盤子美如雕塑品，不管是豪邁地盛裝菜餚，或把幾種燉煮、燒烤湊成一盤，都別有生趣。有時也會擺在櫃子上當裝飾品。610×260mm。

咖啡通信❶

帶著水壺散步去！

文・攝影─久保百合子
咖啡老師─大宅稔（OYA COFFEE煎焙所）
翻譯─褚炫初

在外面喝的咖啡真好喝呀

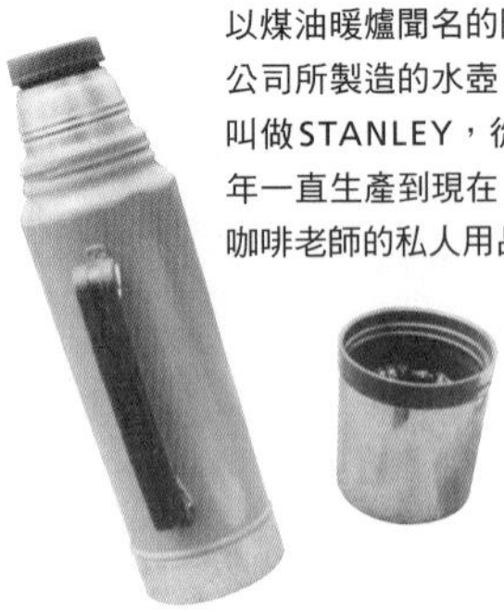

以煤油暖爐聞名的阿拉丁公司所製造的水壺。名字叫做STANLEY，從1965年一直生產到現在。這是咖啡老師的私人用品。

咖啡老師的兒子，休實小弟弟。

好天氣的假日（喔不，其實稍微陰天也可以吧）我會備著水壺做好散步的準備。

在水壺裡裝滿溫暖的咖啡，就可以在喜歡的時間、喜歡的地點、想喝就喝喔。

好想把咖啡倒進大水壺裝得滿滿的。可是，我家咖啡濾壺很小啊……。

老師，怎樣才能沖出份量又多又好喝的咖啡呢？

「那就別怕麻煩，分成兩次沖泡吧！」

是這樣啊！不疾不徐慢慢來。

「準備很棒的咖啡豆，磨成細細的。然後用不太燙的熱水沖出好喝的咖啡……」

把咖啡裝進水壺，就可以去散步囉！話雖如此，但其實是漫無目的的隨意走走。

老師好像曾說過紅豆餡跟咖啡很搭？那麼去尋找賣和菓子的店家吧！

要吃紅豆餡兒，推薦搭配金鶚燒*

因為（紅豆和咖啡）同樣身為果實而且又是種子，所以才會很相配。我也好想趕快嘗試看看。

在常用的包包裡也放一瓶

左／瑞士SIGG牌的鋁水瓶。既輕又堅固。可用來裝冰咖啡。中／通用設計的廠牌OXO出品的保溫杯。由於保溫性能佳，總是暖呼呼的。右／膳魔師（THERMOS）的水壺。以電木（bakelite）材質製成，懷舊的色澤非常具有50年代的英國風。

左、中為久保的私人用品。右邊的水壺來自「sweep」武藏野市吉祥寺本町2-14-6-101（於2013休業） ☎0422-20-8922

*一種紅豆內餡外裹上一層薄薄麵皮去煎的和菓子。

找茶之旅❶

京都・美山
老婆婆的茶

文─高橋良枝　攝影─久保百合子
翻譯─褚炫初　手寫字─沈孟儒

前面是洋子女士，後面是人稱「瀨戶的婆婆」的野口貞子女士。

久保小姐喜歡咖啡，也喜歡喝茶。高橋則是喜歡有歷史的茶，因為這樣，兩個人踏上到日本各地、尋找好茶的旅程。第一站，是京都的美山。大宅稔先生介紹的「瀨戶的婆婆」所做的茶葉。

「瀨戶的婆婆」這個名稱，瀨戶是店鋪名，婆婆的名字是貞子，現年78歲（編按：文章寫就之2007年當時）。丈夫過世後，一個人守著一千兩百坪的茶園耕作，幾乎不曾離開那塊土地，過著自給自足的日子。

她家周圍，被照顧得很好的茶樹茂盛濃密。聽說那些茶樹，比貞子婆婆的父母還要早以前，就已經長在那兒了。

只要煎過，澀味就消失了！

右邊是煎過的茶。左邊是沒煎以前。
只要煎一下澀味就消失了，真是不可思議。

「春天，一發芽我就開始摘，放進煎茶專用的鐵鍋，用小火煎到茶葉變軟。然後放到篩子上，趁熱用手揉捻。就算被燙傷，手上的動作也不能停下來。」

如果不這樣做，就成不了細緻的好茶。

「捻得不夠小心，便不能出細活。」

住在附近的洋子婆婆74歲。和貞子婆婆一樣獨居，守著自己的家與土地。

「細小的葉片很快就變軟，但大的葉子卻很難。這時候就要一邊加水一邊捻。其中分寸，得靠自己的雙手感覺拿捏。」

貞子婆婆這麼說。

她們給我喝的茶澀味有點重，飄散著田野的香氣。

「再煎一次，澀味就會少一些，要不要煎看看？」

再煎過一次的茶澀味消失了，轉換成一股甘甜。

春天做的茶據說夠喝一年，只是孩子們都不肯喝，貞子婆婆看來有些寂寞。

上、左右／貞子婆婆的家周圍，茶樹從石牆的縫隙長出來，恣意張揚。下右／貞子婆婆煎著茶。下左／煎好的茶葉。可以在京都的「咖啡工船」喝到。

桃居・廣瀨一郎此刻的關注❾

探訪伊藤環的工作室

這次我們要拜訪的是伊藤環先生，
他移居神奈川三浦市近海港的工作室之後，現在搬到岡山縣，
他所製作的器皿線條與造型都極為簡單，
透露著舊生活雜器才有的味道，
似乎是透過器皿傳達
「為了應用在生活中而製造的器皿是美的」這樣的概念。

文—草苅敦子　攝影—日置武晴　翻譯—王淑儀

正對著小路的工作室，隱身在接近海邊的熱鬧小小商店街裡。

伊藤先生一身T恤加牛仔褲，腳上趿著一雙海灘拖鞋的穿著，看上去就像走在初夏海邊，悠閒的年輕男子。這次採訪過程中，在他妙語如珠的對答之下，笑聲不斷。

「跟大家說話讓我好開心吶！」我不禁認為，備受喜愛的器皿，一定出自讓人喜歡的製作者之手。

伊藤先生是去年搬到三浦半島南端的港都，打造了現今眼前的這間工作室。

「過年期間來這裡吃鮪魚，不經意看到了房屋仲介的介紹。」

最後竟選了間百年老屋來做為工作室。據說原本是放置木材的地方，但也閒置了20年。那年3月與妻子香緒里兩人從福岡搬來這裡。

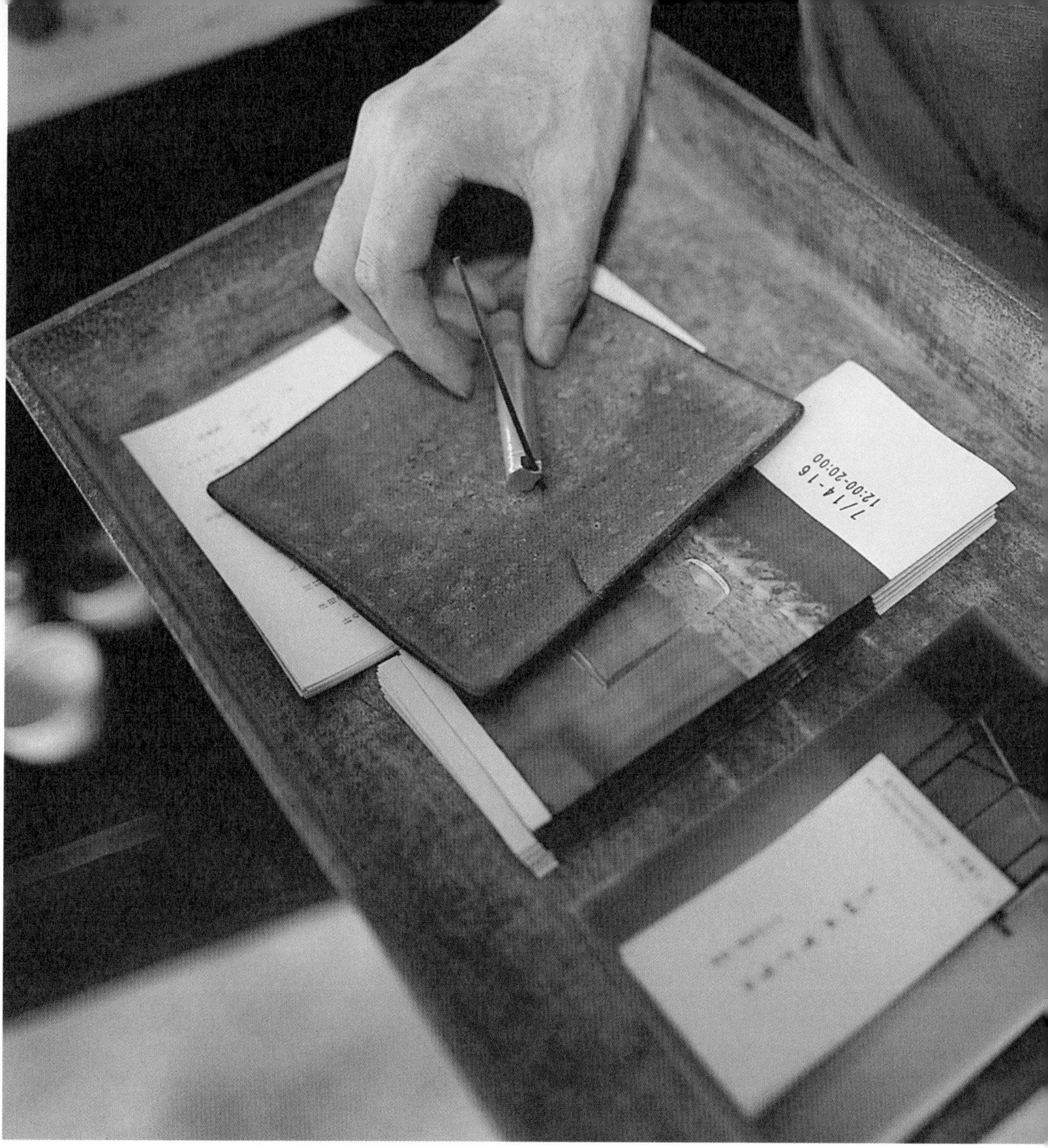

放置著線香立座的枯淡釉方皿是伊藤先生的作品。這個抽屜是為了襯托出陶器質感，以馬口鐵打造而成。

這個工作室的建築本身有百年歷史，抬頭一看，可以發現挑高的天花板留有著昔日木材廠的殘影。

一進入口就是個像是展覽室的空間，作品在這裡迎接客人。裡面的作業廠有著挑高的天花板，木頭雖略顯斑駁，卻是不靠一根鐵釘彼此完美鑲嵌而成。在舊廠區裡增設了洗手台與廁所，再擺轆轤、電氣窯、半成品及一袋袋陶土，仍是寬敞有餘。

伊藤先生的父親是在福岡經營「秋月燒・橘窯」的陶藝家，然而他卻是在大學時代主修陶藝，才決定走上這條路。畢業後在陶藝家門下學習一年，之後立志走進創作的世界，於信樂的「陶藝之森」待了半年後，再回到故里。真正開始製作器皿則是從這個工作室開始，父子日日在同一個窯燒製陶器。

咖啡杯、磨豆機等並列，等待咖啡愛好者上門時可招待的角落。

新作品，陶製燈罩。

作品與古道具並陳，卻不會有異樣感。

請我們享用的名產三浦西瓜，甜又多汁。

等到終於對自己的技藝有信心了，才抱著作品到東京的藝廊去找買主，但是第一次卻有點不得其門而入。

「桃居的入口有種恐怖的感覺，我連推門而入都辦不到。」據說大門前的三段台階讓他感到高不可攀，直到3年後才再次拜訪桃居。廣瀨先生沉默地打量著作品，伊藤站在他旁邊實在是太緊張了，只好從頭到尾都自己找話說。「當廣瀨先生決定買下我的枯淡釉作品時，我高興得快飛起來了。」

那一天，東京創下史上最高溫的三十九點五度的紀錄，說是令人難忘的一天也不為過。

「伊藤先生今年也拿出為數不少的作品，可以感覺他現在正是狀況最好的時候。」

他雖然也勇於挑戰有別於過去模仿白磁、琺瑯製野營道具的青磁釉系列，「最近有很多作品感覺是從古老的物件獲得靈感。」

「這是在昭和時代大量生產的小小有蓋容器，最近還滿常做這樣的器物。」
這些過去的樸素的生活雜器帶給伊藤環源源不斷的創作靈感。

如廣瀨先生所說，他的作品裡有許多造型是當代作品中少見的。「我很喜歡這附近一間古董生活道具屋，手上的錢幾乎都花在那裡。」

試著拍下那些令我們感到有趣的陶器。除了造型，也想拍下那有如金屬生銹的質感，那隱含著伊藤先生對骨董的敬愛之意吧！以錆銀彩或枯淡釉營造出這種質感與肌理需要十分高超的技法，是經歷多次實驗而得出的成果。「陶器就是因為不到最後不知道是否能夠燒出自己想像的模樣，才顯得有趣。」

伊藤環（Itou Kan）

1971年生於福岡縣朝倉市。父親是秋月燒・橘窯的陶藝家橘日東士。大學時代於大阪藝術大學工藝科主修陶藝，93年畢業後的一年間，師事於京都陶藝家組織「走泥社」創始人之一的山田光，後被選為滋賀縣立陶藝之森研究作家的半年內，專注研究日本國內外作家與作品。之後回到故鄉，有9年的時間在橘窯與父親共同創作，打下了現今的風格基礎。2006年春天獨立，於神奈川縣三浦市建造新工作室，開始製陶的日子，現在積極參加各地的工藝展或企畫展覽，同時也多次舉辦個展，廣受好評。現居住於岡山縣。

汲取了古老的器物才有的靜謐之美摩登又懷舊的器皿

文—廣瀨一郎　翻譯—王淑儀

「壺與鉢是屬於命名為錆銀彩的系列作品。
在先燒過一遍定型的素色陶器上施以銀彩，再淋上藥液使其表面氧化。
暗沉的顏色與帶有古味的氣質形成了須惠器或青銅器才有的靜謐之美，
令人聯想到古老的年代。
方皿是以長石再加上數種金屬原料調和成枯淡釉燒製而成。
據說是馬口鐵上鐵鏽為創作者帶來的靈感。」

■由左至右　長180×寬180．直徑190×高70．直徑100×高130

「這組讓人聯想到琺瑯食器的美麗深綠色作品是屬於黑泥青磁釉系列。
一般多是在白色素材上施釉，
這系列卻是將色彩鮮豔的綠色釉藥與富含鐵質的紅土組合，
創造出「摩登又懷舊」的不可思議的世界。
作家從骨董、古民藝裡汲取了各式各樣美的片羽，
創造出這些令人欣賞的作品。」

■由左至右　直徑70×高100・直徑90×高60・直徑75×高100

桃居　東京都港區西麻布2-25-13　☎03-3797-4494　週日、週一、例假日公休　http：//www.toukyo.com/
廣瀨一郎以個人審美觀選出當代創作者的作品，寬敞的店內空間讓展示品更顯出眾。

留存在飛田和緒印象中的❶

「伴手禮」

奈良的點心

我的奈良之旅泡湯了。到現在我還沒去過奈良，連京都也是三十幾歲後才初次一探。奈良於我，已然成為了一種想望中的遠方。失落不已的我，收到了原本約好要同行的友人所餽贈的一份名為「幻絹」的點心。

打開優雅的和紙包裝，裡頭靜靜擺著一種難以言喻的，彷彿波浪輕打、又好像是幽柔捲起來一樣的，一種淡桃色的輕柔點心。

我在想，綁在和服腰帶裡的那條細絹（帶揚），不曉得折起來時是不是就像這樣？或許這點心的名字是從那裡來的？我從外觀完全無法想像它的滋味，輕輕一咬，一股莫名而熟悉的口感湧現口中。和三盆糖的優雅清甜，搭配紅豆與黃豆粉的柔和清香，就這麼在口中輕快地化了開來。

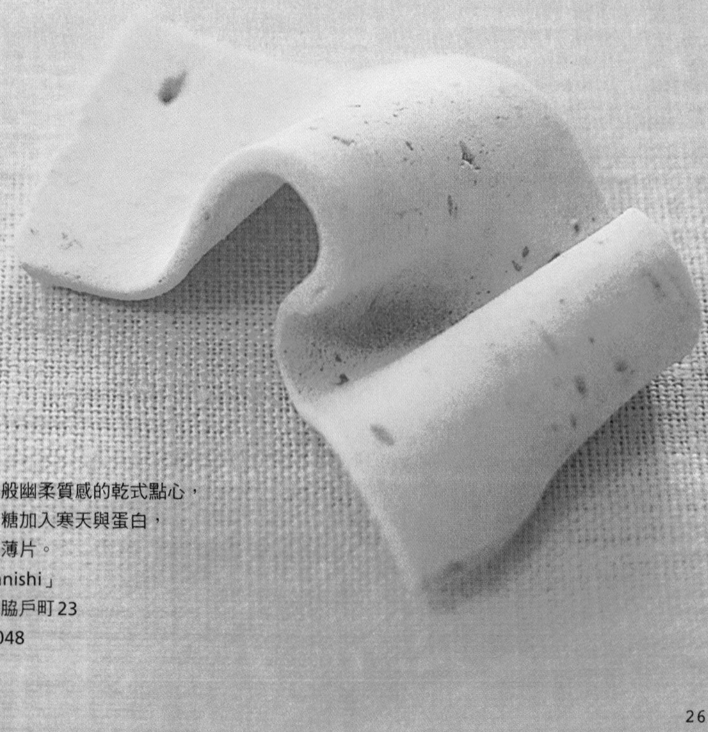

幻絹

這種擬仿古絹般幽柔質感的乾式點心，
是將熬煮的砂糖加入寒天與蛋白，
爾後削成細長薄片。
「奈良・Nakanishi」
奈良縣奈良市脇戶町23
☎0742-24-3048

邊吃邊聽著朋友聊著奈良之旅，不禁開始想像起奈良的空氣、味道與肌膚所接觸的溫度，就是這種感覺嗎？奈良，似乎也不再那麼遙遠了。

京都的線香

這個伽羅，是一向從京都買線香回來給我的同事，這次帶回來的京都伴手禮。

不過這一次，玻璃瓶裡只獨獨地插著一根線香。我心想怎麼會這樣？轉頭一望，同事正孜孜地笑著。

「我就知道妳會這麼想！其實伽羅是種濃郁而悠長的沉香，點燃後，要馬上把它熄掉。一根香點了又點，要點上很多次呢。別小看這一根，價錢可不便宜。要是工作時煮了一堆菜、或吃完烤肉後稍微點一下，房子裡的味道馬上一掃如新。妳也可以享受它的香味，但想除臭時也可以用。」

原來如此。

我試著點看看，一根孤伶伶的線香霎時濃重了起來。

伽羅

從伽羅木中提取出來的沉香。
伽羅自古便是極為珍貴的香木，
價格不斐。
「lisn・京都」
京都市下京區烏丸通四條下COCON烏丸
☎075-353-6466

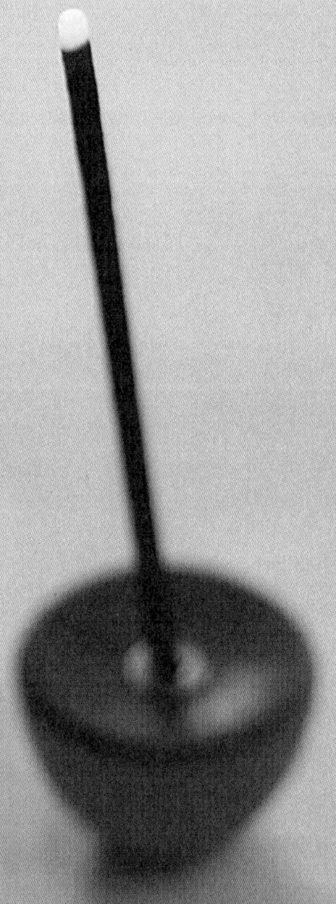

 文—飛田和緒　攝影—日置武晴　翻譯—蘇文淑

日日・人事物❹

探訪台灣碗盤博物館

講究生活氣味的風尚，
使人們再度關注起周身使用的生活器物，
擁有手作溫度的碗盤，
於焉成為城市中產的新寵；
然而，那些舊時的硘仔器物卻已難尋得。
一位資深的碗盤民藝收藏家，
卻在此時創設一間夢想的博物館。

攝影・文——賴譽夫

「『吃飽也未？』是最常聽見的問候語，這句充滿溫度的話語，說明了吃飯皇帝大，能夠吃飽、吃好，是多麼有福的事」，每每與人談起自己的碗盤收藏，館長簡楊同總是先以食事當作開場白，說明了吃食用的碗盤是與升斗之民最為密切的生活器物。

來到雪山山腳邊，望去一片晰淨綠地的員山鄉，立刻令人感到心神舒暢。沒有誇浮的建築與豔俗的招示，知名景點雷公埤附近的小型廠辦區域內，竟別有天地的坐落著這樣一座台灣硘仔碗盤的寶庫。

如同多數的私人博物館，總與一位對於某樣物件擁有特殊熱情的人物有關。十多年前的一次文物訪購之行，讓簡楊同萌發收藏與研究台灣碗盤的興趣。起初也像常見的故事，為家人所不理解，簡館長說：「因為怕太太不開心找這些碗盤出氣，所以我們的感情更好了（笑）」。隨著時光與個人的用心，在家人的理解與支持轉向下，積累了各式碗盤相關收藏達到兩萬餘件。

經由友人轉介了這個曾經是皮箱工廠的空間，於是碗盤博物館在2012年年中成立。

玄關入口的超大鯉魚盤。

參觀者大多會被一排排整面的碗盤展示櫃給懾住。

談起硘仔，是一種常民生活中熟悉的材質，卻也由於平實而較少獲得人們關注。由於台灣傳統並未將陶器、瓷器這兩種坯土質地、燒製溫度相異的材質做區分，而是統稱硘仔（編按：台語發音hui-a）。

台灣的陶瓷器物最早可溯至石器時代，後隨各個歷史時期而演變。杯壺、湯匙、碗盤、瓶盆等日常生活用具，在塑膠製品與機器瓷普及前，幾乎是硘仔的天下。在工業製品講究便宜、便利的要求下，硘仔漸漸式微。近年，人們回頭重視生活品質，除了出現了精品化的潮流，也有不少人轉身追尋舊有的器物，而其實這樣的美好原本就在你我身邊。

走進碗盤博物館玄關，映入眼簾的是一只超大的鯉魚盤，不僅是博物館的主題意象，也帶領參觀者掘起腦海中關於傳統碗盤的記憶。博物館一樓即有一整面牆吊示著魚

椰樹與海浪，陳述出台灣的島國風情。

俗稱的「電光碗」

蝦蟹類繪飾的碗盤。從生活環境來說，在物質貧乏的年代，這類碗盤代表了一種對於豐足的想望與吉祥的意涵，也傳達了殷實樂觀的補償心理與態度。

一旁傳統的箱架上，擺著花卉、椰林風景的碗盤，圖像中的海島風情，陳述出台灣的島國景色，其花卉與樹種無異是一種環境的記錄。玻璃櫃內陳列著受到日本風情影響而燒製的作品，不僅交代了日治時期的文化影響，也反應了當年的產業情況。帶有政治意涵或機關訂製的紀念杯盤，更是社會發展過程的一種情態切片。

壯觀的碗盤層架上，還有五〇年代鶯歌「閃光釉」裝飾著俗稱「電光碗」的碗盤、與中國硃砂紅不同系統的胭脂紅釉下彩碗盤、藏家圈僅有的一只版印魚紋盤、經過修補擁有缺裂美的碗盤等，碗盤博物館目前展示的藏品，以近百年內的碗盤為主體；每只碗盤拿起來，館長都可以談論它的年代、工法，還有獨特性等等；而就在這些看似素樸、具有時間痕跡的碗盤裡，亦可窺見百年來台灣的生活環境以及文化風格等轉變。

對於民藝與傳統文化具有濃烈興趣的館長還收藏了許多文物，像是古契約、歌仔冊、古家具、舊唱盤等等，種種物件也結合舊式童玩，另闢一個空間局部陳列，合為舊時生活的體驗區。這些與豐富的碗盤展品加總起來，除了浪漫的念舊情懷，更重要的是民間傳統工藝脈絡的完整保存與展示。

台灣碗盤博物館

宜蘭縣員山鄉永同路3段26號
☎03-922-3699
㊫9：00～17：00 ㊡不定期公休
https://www.facebook.com/Taiwan.Bowl.Dish.Museum

淺綠色的暖簾懸掛，
背後印襯著純手工日式拉門，
微風吹過時，
還能聞到木頭透出的香氣，
靜靜地坐落在住宅區裡，
這是小器台中店的模樣。

小器台中店　台中市南屯區大容東街17號　04-2328-8538　12:00 - 20:00（不定期公休）　https://www.facebook.com/thexiaoqi

料理家米澤亞衣的私房食譜❻

義大利日日家常菜

米澤亞衣的食譜總是乾淨簡單，毫不繁複，餐點的主角又鮮明清晰，滋鮮味美，有點像是「減法美學的食譜」。這回她要介紹給我們的這兩道義大利麵都採傳統義大利食譜製作，能品嚐到義大利麵最真實的美味。

1

壓花圓盤麵

Corizetti

那時我在義大利一個叫做利古里亞（Liguria）的小鎮住了1個月。某天散步時，在一家雜貨店裡發現了一個好可愛的製麵模型，簡直是一見傾心。光可以做出圓形義大利麵這件事就已經讓人驚喜不已，何況還能用優美的戳章押出花紋來？如此雅緻，叫人如何不喜愛？

■材料（4人份）

高筋麵粉——約200克

雞蛋——2個

□醬汁

松子——4大匙

馬鬱蘭（Marjoram）——適量

奶油——4大匙

帕馬森起司——適量

鹽——適量

胡椒——適量

■做法

- 把麵粉倒在木板上，堆成小山，中間按凹一個洞倒入雞蛋。
- 沿著凹窪內緣，用叉子把蛋跟麵粉攪拌在一起。
- 攪拌得差不多後開始揉麵團，把它揉得光滑均勻，然後在調理盆上蓋塊布或保鮮膜，於室溫下醒麵30分鐘。
- 在麵團及木板上灑點麵粉，用桿麵棒桿平。
- 桿到麵皮稍微透光、麵皮的厚度也算均勻後，用模型切出圓麵片，並印壓出花紋來。
- 炒鍋裡加入松子，以小火炒到略帶焦色後關火。
- 起鍋煮水，沸騰後灑鹽，煮圓盤麵。
- 用原先炒松子的那個鍋子，再度開火，熔化奶油，放入圓麵片。
- 加點剛才煮麵用的湯水，放幾片馬鬱蘭葉，酌量以鹽巴調味拌勻。
- 盛盤，灑點帕馬森起司與胡椒即可。

2 扁平麵 *Testaroli*

我在秋栗的季節，探訪了盧尼賈納（Lunigiana）。這是當我知道了這世上有這樣奇妙的義大利麵後，就一直想來看看的地方。栗子咚咚咚地不斷掉落在林葉上頭，一位同在森林裡的老紳士，正拿著拐杖與竹簍尋找香菇。我邊追著滾落地面、還瑩亮亮的栗子，心裡想，世上若有幻境的話，或許正是這裡吧？

■材料（4人份）

□麵團
- 中筋麵粉——200克
- 鹽——¼小匙
- 水——240克

□青醬
- 松子——5克
- 帕馬森起司——5克
- 大蒜——½小瓣
- 粗鹽——適量
- 羅勒葉——15克
- 特級初榨橄欖油——40克

■做法

□製作扁平麵
- 在調理盆裡加入中筋麵粉、鹽巴跟水後，以打泡器打至柔滑。
- 靜置於室溫下1小時左右。
- 開小火，讓鍋子整體輕輕沾上油。鍋子以使用過一段時間的炒鍋、含氟化物的炒鍋或平底不沾鍋為佳。
- 麵團桿成約5㎜薄片後放入鍋中，蓋鍋蓋，以文火上下各煎5分鐘。
- 煎好後擺在網子上放涼，切成4公分方塊。

□製作青醬
- 羅勒簡單過水洗淨後擦乾，摘下葉子，大一點的葉片記得撕去葉脈。
- 除了羅勒外的青醬材料全部放進攪拌機裡打勻。
- 加入羅勒，打至完全滑稠為止。
- 煮沸一大鍋水，加鹽，放入剛才製作的扁平麵。
- 煮2~3分鐘（煮麵時間依麵的厚度、做好後擺放多久而有差異），煮至彈牙後，用濾杓濾乾，擺盤。
- 淋上青醬，隨喜好刨點帕馬森起司。

＊扁平麵是北托斯卡尼州的盧尼賈納從以前就有的菜色。現在當地的商店仍賣一種以類似炒鍋的鑄鐵鍋，在炭火上碳烤、乾燥後製成的扁平麵。通常吃這種麵時，會搭配熱內亞青醬（Pesto Genovese）或淋上特級初榨橄欖油、灑點羊奶乳酪（Pecorino）。

 料理・造型—米澤亞衣　攝影—日置武晴　翻譯—蘇文淑

公文美和的攝影日記❶

美味日日

公文小姐的料理攝影獨具風格，

受到廣大讀者支持喜愛。對她而言，

拍攝的日日也是美味的日日。

於公於私廣結人緣，也是她發掘美味的祕訣！

吃完哈密瓜後，將籽放在器皿裡，沒幾天就冒出芽、開了花。

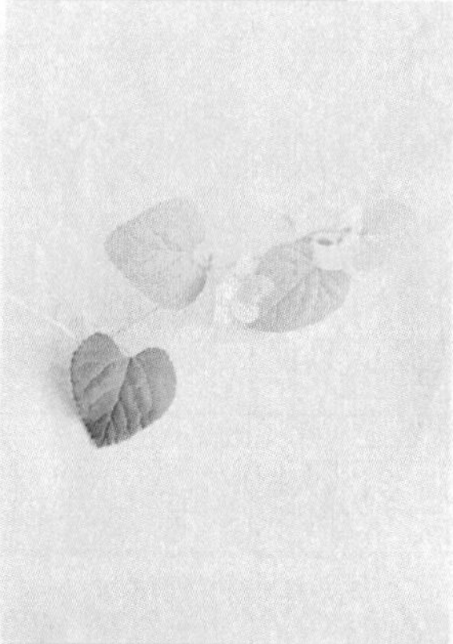

夏季的戶外野餐。在高原上享用葡萄酒是最大的幸福。

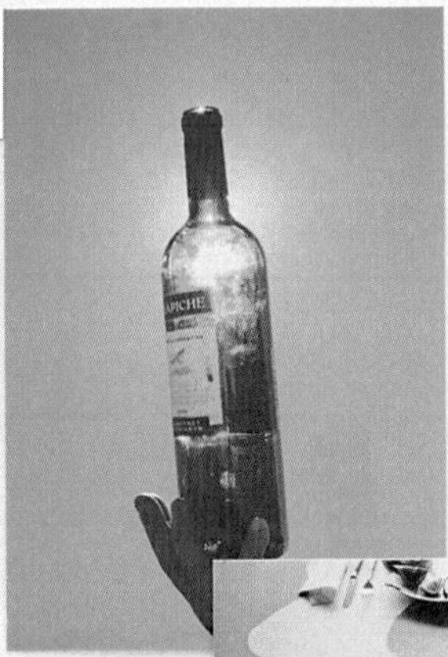

Chandon（知名糕餅店）的草莓奶油蛋糕。

在堀井和子小姐家拍照結束後一同用餐。

到海邊撿石頭。石頭的造形多元、顏色美麗，令人完全忘了時間的流逝。

利用攝影工作之間的空檔吃的午餐。工作人員製作的沖繩料理，讓我們在都市之中，也能有旅行的心情。

高知縣的假日市集裡，販售植木的場所。

京都的朋友親手製作的和菓子松露，在紅豆餡中拌入砂糖產生黏性後揉成一球一球。

朋友送的蜂蜜蛋糕。

為連載寫作「奶奶的廚房二三事」去北九州採訪那次，還沒開始拍攝就先端出下午茶來招待我們了。

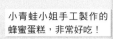

天空中的白雲是最常拍攝的對象。

小青蛙小姐手工製作的蜂蜜蛋糕，非常好吃！

下午茶時間，點心是總編輯高橋小姐去法國旅行帶回來的禮物——Laduree Salon de the*的馬卡龍。

與論島的漁市場。

在和歌山拍攝的柑橘寒天果凍。

看到木頭切片，忍不住聯想到年輪蛋糕，看起來好好吃吶！

*譯注：法國最早發明馬卡龍的茶館。

蛤蜊

江戶前壽司❾

松下進太郎談

蛤蜊握壽司是江戶前壽司裡的必備佳餚，時季從秋季一路吃到春天。東京灣的蛤蜊無論是味覺或品質，都受到大家眾口稱揚，但從某一段時期起，卻幾乎撈不到了。

「現在江戶前的蛤蜊裡，最好吃的應該是鹿島沖（編按：位於茨城縣）產的吧。」

松下先生去掉蛤蜊殼，仔細把挖出來的蛤蜊清洗打點。

「這蛤蜊清甜淡雅，可是含砂，一定要仔細洗乾淨。」

他把筷子插進蛤蜊的進水管（吸水的管子）中，一個個串起，再泡到水涮一下。這麼做，能把進水管跟蛤蜊肉裡的砂子洗乾淨。

由於蛤蜊棲息在海水與淡水交會的河口砂地，因此清砂是必要的程序。

從前在大川（荒川）與多摩川河口附近，要抓多少蛤蜊、就有多少蛤蜊，可是現在純日本產蛤蜊恐怕只佔了市面上的一至二成左右，因此有段時間，蛤蜊完全從江戶前壽司上消聲匿跡。

我有好幾次，不幸吃到了質韌難嚼、怎麼咬也咬不爛的蛤蜊，因此對這種壽司的印象不是很好。不過「千八鮨」的蛤蜊軟柔豐嫩，簡直是跟壽司飯一起在口中化開。吃完後，那餘香與滋味甚至還清晰地留在嘴中。

「要讓蛤蜊吃來軟嫩的祕訣，就在於煲煮時要搶早在蛤蜊即將過熟之前，趕緊拿出來。」

貝類跟章魚也是同一類海鮮，只要火候稍微旺了一點，口感就完蛋了。要在煮得恰到好處時趕緊撈起，接著再把剩下的醬汁續煮至收汁、冷卻。最後才是把蛤蜊放回冷了的醬汁裡，令其染上滋味。「這兩者都必須是冷的，蛤蜊才有辦法入味。」

師傅捏好壽司，上頭再刷層醬汁就完成了。醬汁的甜郁伴著蛤蜊的清香，悠悠化開於口中。

蛤蜊握壽司

調味

把進水管擺在自己這一側，沿著舌間平平劃開，仔細清掉蛤蜊肝後，在煮得濃稠的醬汁裡浸泡一天。

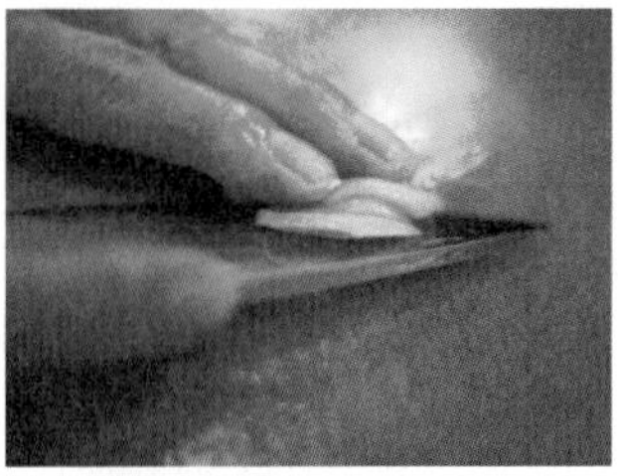

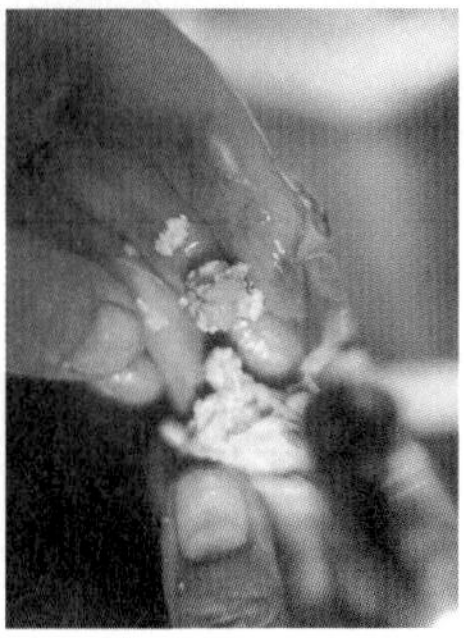

煮

把湯底、醬油、砂糖跟酒煮開，放入蛤蜊，煮到蛤蜊內臟也熟了之後，把蛤蜊拿起並排在篩子上瀝乾。

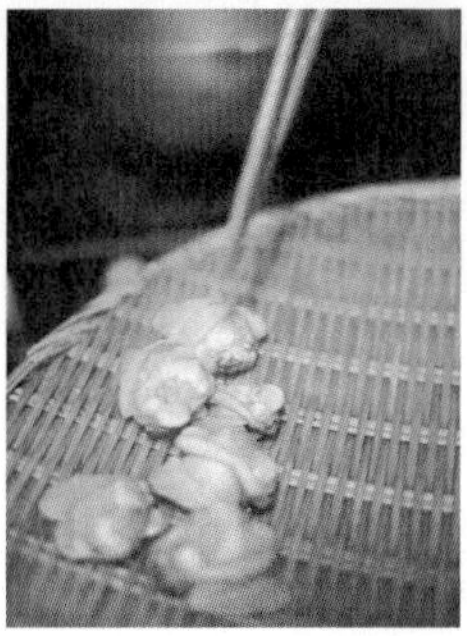

清砂

把7、8個蛤蜊用筷子順著進水管串起，泡在冰水內洗淨。這麼做才不會傷到蛤蜊肉，並可洗淨身體與進水管裡的細砂。

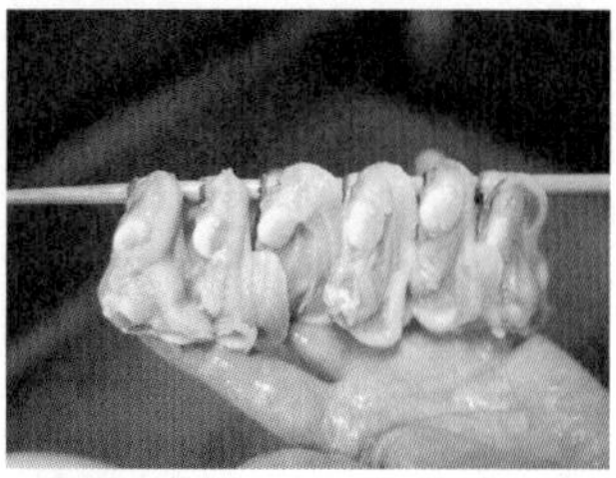

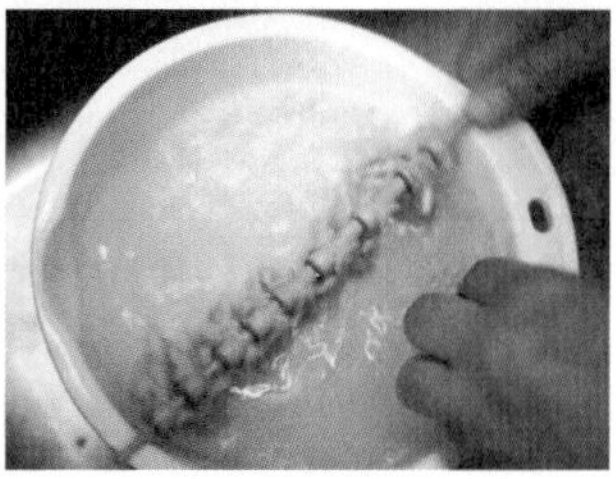

文—高橋良枝　攝影—日置武晴　翻譯—蘇文淑

日日歡喜❾

「作家平常用的器皿」

《日日》這期特別介紹
曾經出現在雜誌裡的作家，
他們平日喜歡的器皿。
究竟創造器皿的人，
他們平日又是怎麼使用自己的作品呢？
我們抱著好奇心一問之下，
竟搜羅來了這麼多獨具個性的器皿。

攝影—公文美和　圖—田所真理子　翻譯—蘇文淑

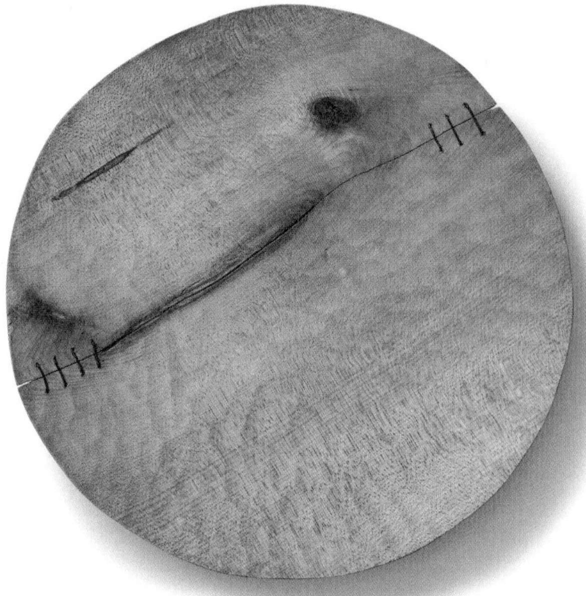

村上孝仁（家具作家）

木盤

這個木盤是用有裂痕的木頭做的，通常裂掉的木料會被捨棄不用，但我轉念一想，把它拿來嘗試。由於這塊料原本是要丟掉的，我用這盤子時，總有一種好像做了什麼好事、而且也得了什麼便宜一樣的錯覺。我專拿這盤子來吃乾糧，例如點心或麵包。我至今為止做了很多盤子，不過最喜歡這件。直徑235×高20mm。

高仲健一（畫陶人）

小茶碗

這只白化妝土茶碗是我每天在「澄練坊」讀漢詩時使用。雖然邊緣有點缺損，卻無礙於我每天持續地用它、惜它。不過是只日常茶碗，正因為是只日常茶碗，就算賣得好也沒有第二只一模一樣的茶碗。直徑90×高60mm。

橫山拓也（陶藝家）

白泥杯

在轆轤成形的黑土杯上，塗抹白化妝土後採用酸化燒製。我總覺得這個杯子好像容量很大，所以很喜歡，常拿來喝茶。我希望使用這杯子的人，能隨自己的喜好去用，如果能把它當成日用杯子，珍惜它、喜好它，那是再好不過。直徑95×高85mm。

郡司庸久・慶子（陶藝家）

鳥形花器

這花器以鳥為造型、施加糖釉。不管插上什麼花草都很好看，一直擺在我家的櫃子上。我家裡跟工作室附近，一年到頭開滿了當季野花，所以從不擔心家裡沒花可插。長180×寬65×高150mm。

坂野友紀（金屬工藝作家）

鋁盤與鎳銀叉

附把手的鋁盤已經過防蝕鈍化處理，可避免生鏽。不管是擺點心或當成杯子的托盤都很別緻。鎳銀叉會隨著時間而產生一些色澤變化，用清潔劑就能輕鬆去除，或者也可以保留這樣的色澤來欣賞。適合義大利麵或沙拉。鋁盤／直徑105mm，鎳銀叉／長190mm。

村上躍（陶藝家）

小碗

我覺得器皿的原型，就在於以手掬水時所擺出來的那個自然造型。因此這兩個小碗都做得能恰恰好地置放在掌心之中。這也是最接近我心中器物原型的形態。我先把三種土和在一起，以模具形塑出了大略形體後，再以手調整。現在休息時間，就拿這兩個小碗來喝茶。直徑95×高60mm。

伊藤環（陶藝家）

鏽銀彩淺盤

這盤子用起來讓人覺得神清氣爽。大小跟形體用起來很合手，不管擺義大利麵、麵包或水果，什麼都很適合。我太太也很喜歡這盤子，常出現在餐桌上。直徑270×高35mm。

井山三希子（陶藝家）

咖啡歐蕾杯

製作這種倒角削邊的大杯子時，先將削成薄片的陶土壓入石膏模型內成形。除了適合喝咖啡歐蕾外，也可以拿它來吃優格、或當成沙拉碗，是很實用的器皿。它在不知不覺中，已經成了我家早餐的固定成員了。直徑115×高70mm。

Masu Taka（陶藝家）

色繪印度更紗絞杯

這杯子上的大象圖案，是從印度教的更紗紋樣發展過來。這圖案可以說是我的彩繪之路的起始。我通常拿這來喝點睡前小酒或濃咖啡。我向來在生活中隨性使用自己的作品，這麼做對作品或對我來說，都是極為幸福的一件事。直徑70×高65mm。

青木良太（陶藝家）

杯盤組

吃完午飯後，我會把這杯盤端上桌，倒點咖啡或紅茶。我希望盤子也能拿來放點心，因此製作上，特別留意了單獨使用的可能性。我可是個甜食愛好者，點心對我來說可是生活必備呢！最近因為對茶道產生興趣，每天都在研究怎麼創作出適合今日的「茶具」。寬杯／直徑90～100×高50～60mm、盤／直徑160mm。

三谷龍二（木工設計者）

山櫻寬缽

這只以山櫻木製成的寬缽，十幾年來一直是我家的愛用品。雖然沒特別留意保養，不過三不五時用來裝沙拉、義大利麵，木頭自然地被油質潤澤成為優雅深沉的色澤。現在對我來說，它是一件很重要的器皿。直徑380×高70mm。

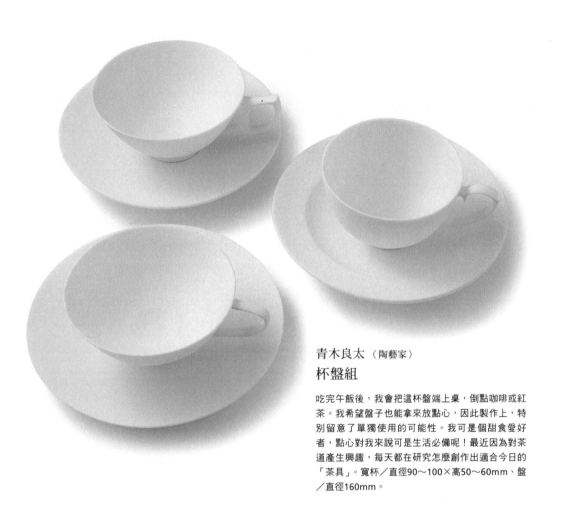

料理家Ｉｖｙ的私房食譜❸

台灣日日家常菜

潮濕的梅雨季、陰晴不定的天空，
春夏交接的台灣，經常籠罩著一股不確定的氣味。
料理家Ｉｖｙ特地介紹三道美味的家庭料理，
用道地的台灣味趕走壞天氣帶來的鬱結！

料理—Ivy Chen　攝影—李維尼　採訪—褚炫初

蔭豉蚵仔

蔭豉蚵仔是一道非常經典的台灣料理，無論搭配稀飯或白米飯，都讓人忍不住再添一碗。

■材料（3人份）
蚵仔（牡蠣）——300公克
中筋麵粉——2湯匙
米酒——2大匙

□醬汁
青蔥（切1公分粒狀）——1支
蒜（切碎）——2粒
蔭豉（黑豆豉）——1大匙
醬油——1茶匙
米酒——1茶匙
糖——½大匙

■做法
- 蚵仔用中筋麵粉抓一抓，沖水洗淨瀝乾。
- 煮滾一鍋水，加2大匙米酒，加入蚵仔燙30～40秒，撈起瀝乾。
- 燒熱2大匙油，炒香青蔥、蒜和蔭豉約1分鐘。
- 加入蚵仔、醬油、糖和米酒，快速拌炒1分鐘即可。

＊蚵仔先用熱水燙過就可以快炒完成這道菜，而且在炒時不會一直出水。
＊蔭豉最好用客家乾式蔭豉比較香，怕鹹的可以稍微用水洗一下。

焙菜

台灣人俗稱的長年菜，新鮮的時候叫「掛菜」，用醬油和糖燜煮的稱為「焙（靠）菜」，快炒再燜出芥末嗆味的叫「衝菜」。一種蔬菜，滋味卻隨著處理方式大不同，非常有意思。

■材料（4人份）

芥菜側花芽或嫩花莖——400公克

喜願白醬油——3大匙

薑——3片

水——半杯

■做法

- 將所有材料放鍋子裡用中火煮滾，再轉小火慢慢煮。
- 中途要稍微攪拌讓所有菜吸到醬汁，煮到軟爛適口程度即可熄火，大約15～20分鐘，放涼了食用，上菜加點辣椒裝飾。

＊若不喜歡芥菜的苦味，可以先汆燙芥菜再焙，不過這道焙菜迷人的地方就在於苦甘的美味！

＊一般做焙菜是用普通醬油加糖，不過喜願白醬油鹹甘恰好，因此不需再加糖。

芋頭稀飯

有時候，簡簡單單一碗好粥便讓人感到很滿足。芋頭為傳統台式稀飯增添了豐腴溫潤的滋味。

■材料（6人份）
蓬萊米——1杯
芋頭（削皮、切丁）——半個
雞高湯——2公升或多些
乾香菇（泡軟切絲）——3朵
豬肉（切薄片）——150公克
蝦皮——3大匙
鹽——1～2大匙
白胡椒粉——1小匙
芹菜（切末）——1枝
香菜（切碎）——2枝
油蔥酥——1小匙
香油——少許

■做法
• 米洗淨，加高湯和芋頭同煮，煮滾以後轉小火慢慢煮到米軟糊，芋頭也軟Q。
• 加入豬肉片並用鹽和胡椒粉調味，邊攪拌再煮3分鐘。
• 灑上芹菜末、香菜、油蔥酥和香油即可。

＊芋頭用大甲產的比較Q黏，顏色比較紫。
＊煮粥用米直接煮比較香濃，用剩飯煮粥少了一點香稠。

34號的生活隨筆❶

琺瑯盒與藤籃的浪漫想像

圖．文—34號

十年前的普羅旺斯旅行，見識到當地人上市集提著美麗的藤籃，美麗是我們旅人的眼光來看，其實就是當地人的日常生活風景；留鬍子的老爺爺、或是很有個性的中年男子都一樣，人手一只提籃挑揀著水果、蔬菜，付了錢就直接放進藤籃。電影《電子情書》（You've Got Mail）中也曾有這樣的畫面：梅格萊恩在水果攤挑了蘋果、付錢後便把蘋果丟進購物袋中。

於是我也開始這樣的習慣，提著自己的購物袋上菜市場，這兩年則喜歡用一只台灣製的竹編籃，籃子底寬而平且堅固，食材可以平穩的放好。

菜市場離家很近，所以採買完幾乎10分鐘內可以到家，因此每一樣買來的東西都用塑膠袋裝上其實是沒有必要的，畢竟一回家就會把採購物拿出清洗、整理、分裝，放進冰箱、冷凍庫，甚至直接下鍋烹理。剛開始跟攤家說不用放進塑膠袋了，請直接讓我放到籃子裡吧，熱心的老闆們總是客氣的回答：「裝起來比較好啦」、「這樣不好意思」、「不用這麼省啦」，幾次之後，熟悉的老闆們也知道我的習慣，不再拒絕我不另外包裝的要求，甚至還會接過我的籃子，幫我將採買物放好。

不過魚肉生鮮就不適合這樣做了，直到最近我才想到自備玻璃保鮮盒（就是重了些）、或琺瑯保鮮盒，這樣不論是魚鮮或肉品也都可以不再用塑膠袋包裝。因為幾乎天天（或隔天）上菜市場，小家庭買的份量也不多，所以幾個保鮮盒足以應付，用盒子裝豆腐還不怕壓壞呢！

一開始其實是追求一個浪漫的畫面；提著法國買回來的藤籃上菜市場，就算在社區內的傳統市場，也因為一只提籃而有彷彿在南法市集般的幻想，幾次歐洲旅行也觀察到自然素材如棉、麻的大型購物袋幾乎是各大超市、商場的趨勢，現在陪我上市場的有法國藤籃、台灣竹籃、英國有機商店或是法國麵包店的大麻袋，不只實用環保，愛幻想的主婦我覺得這樣上菜市場彷彿日常生活多添了些自以為是的優雅呢（笑）。

永恆如新的 日常設計展 timeless, self-evident

2013.06.22-07.21　策展：小林和人 Roundabout／OUTBOUND店主

xiaoqi+g　台北市赤峰街 17 巷 4 號　電話 02-25599260 週一例休　FB: xiaoqiplusg

+g

日々・日文版 no.9

編輯・發行人——高橋良枝
設計——赤沼昌治
發行所——株式會社Atelier Vie
http：//www.iihibi.com/
E-mail：info@iihibi.com
發行日——no.9：2007年9月1日

日文版後記

《日々》創刊進入第三年，連載也更新了好幾次。

特集「家常器皿」，是《日々》四個發起人回到初衷，公開自己的器皿與餐具櫃。飛田以外的三個人，平常是不會公開露臉的幕後工作者，所以儘管有點害羞，大家還是非常歡樂地以像團體住宿般的心情拍攝照片。

另外，一樣也是三浦半島居民的飛田和緒，和我們一起去採訪在三浦半島的頂端、三崎這個地方蓋了工作室的伊藤環。在採訪、攝影之後，伊藤環帶我們去的食堂，是位在小港口邊唯一矗立的一幢房子，「蠑螺蓋飯」和「鮪魚蓋飯」真是太好吃了！是間充滿懷舊氛圍的食堂。

（高橋）

日日・中文版 no.6

主編——王筱玲
大藝出版主編——賴譽夫
大藝出版副主編——王淑儀
設計・排版——黃淑華
發行人——江明玉
發行所——大鴻藝術股份有限公司｜大藝出版事業部
台北市103大同區鄭州路87號11樓之2
電話：（02）2559-0510　傳真：（02）2559-0508
E-mail：service@abigart.com
總經銷：高寶書版集團
台北市114內湖區洲子街88號3F
電話：（02）2799-2788　傳真：（02）2799-0909
印刷：韋懋實業有限公司

發行日——2013年6月初版一刷
ISBN 978-986-88997-5-9

日日 / 日日編輯部編著. -- 初版. -- 臺北市 ：
大鴻藝術, 2013.06　50面；19×26公分
ISBN 978-986-88997-5-9（第6冊：平裝）
1.商品 2.臺灣 3.日本
496.1　　　　　101018664

中文版後記

中文版《日日》第6期，是我狂愛的一本！裡頭超多的器皿（器皿器皿器皿，每一頁都是器皿。因為個人喜歡的器皿多以樸質簡單的為主，所以《日日》裡介紹的器皿，每樣都是我的心頭好）。相信很多人跟我一樣，很想豪氣地大喊一聲，給我全部包回家！這一年來剛好也從事著相關工作，介紹著各式各樣的廚房用具跟器皿給台灣的朋友，而起源，《日日》就是其中之一。沒想到現在能夠將這些美好的事物串連在一起，雖然說只是短短的一年，但也是感慨萬千。中文版《日日》已經追上日文版的第10期，這期新登場的專欄作家34號的文章，正好也呼應了日文版《日々》第30期號的籃子特集，一切的一切，我們的腳步都在與日本更接近當中。（江明玉）

大藝出版Facebook粉絲頁http：//www.facebook.com/abigartpress
日日Facebook粉絲頁 https://www.facebook.com/hibi2012